这本书中出

- 体长：从鼻尖儿到尾巴根部的长度
- 尾长：尾巴的长度
- 全长：从鼻尖儿到尾巴尖儿的长度
- 肩高：从脚底到肩的高度
- 分布：生活的地域

※ 不同类别的动物，用来表示身体大小的方式也有所不同。
※ 这里标示的数值，以成年雄性动物为参考标准。

豹【食肉目 猫科】
体长 90~190 厘米 尾长 58~110 厘米
体重 37~90 千克 分布 非洲、亚洲

狼【食肉目 犬科】
体长 80~160 厘米 尾长 32~56 厘米
体重 37~80 千克 分布 欧洲、亚洲、北美洲

北极熊【食肉目 熊科】
体长 180~250 厘米 尾长 7.6~12.7 厘米
体重 150~800 千克 分布 北极圈

浣熊【食肉目 浣熊科】
体长 41~60 厘米 尾长 19~38 厘米
体重 6~7 千克 分布 北美洲、中美洲

条纹鬣狗【食肉目 鬣狗科】
体长 100~150 厘米 尾长 25~35 厘米
体重 25~55 千克 分布 非洲、亚洲

野生馆 游览说明

狮 子

宝宝

鼻子四周都是皱纹，
露着小小的犬牙。
不管它的表情有多吓人，
一看身上的斑纹就知道，
它还是个小宝宝呢！

10

11

照片上的动物都是原大。

如果书里放不下动物的整个身体，
白色方框圈起来的部分就是照片
所展示的身体部位。

照片上动物的基本信息。
● **姓名：** 指动物园给动物起的名字。
● **出生日：** 根据已知信息进行的介绍。
● **住所：** 动物所在的动物园。
（书中记录的信息截止到 2009 年 1 月，
有些动物可能已经搬家。）

种名：物种的名称。

通过照片可以观察到的身体特征。

介绍这种动物的部分特征和习性。
可以作为去动物园实地观察的参考。

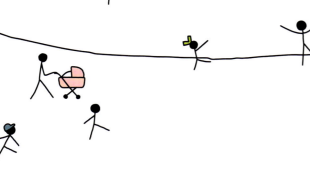

震撼之书 动物原来这么大

野生馆

监修 •〔日〕小宫辉之（日本东京上野动物园第 15 任园长）　摄影 •〔日〕松桥利光
绘 •〔日〕柏原晃夫　文 •〔日〕高冈昌江　译 • 朱自强

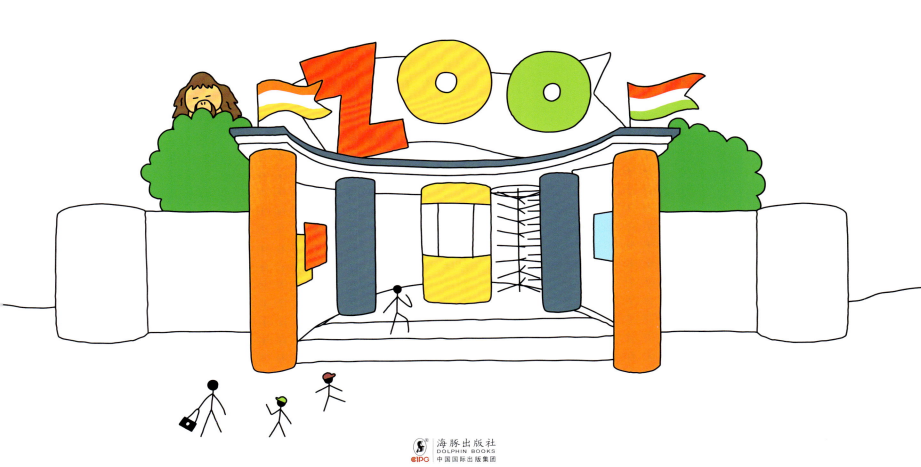

海豚出版社
DOLPHIN BOOKS
CIPG 中国国际出版集团

目录

狼

咬住带骨头的肉，
嘎巴，咯嘣，吧唧。
舔干净嘴巴四周，
吃饱了，很满足。

姓名 **纪菜子**
性别 雌性
出生日 2000 年 4 月 12 日
住所 日本札幌市圆山动物园

狼：食肉目 犬科

仔细找找看

鲜红的舌头。

大大的犬牙。

尖尖的耳朵。

白色的睫毛。

长长的嘴巴！

狼 是这样的！

① 乍一看，几乎就是条狗。

② 仔细瞧，比狗更有野性。

掌垫
爪
爪子底像钉鞋一样，非常适合奔跑。

目光锐利
犬牙
一直咧开到眼睛下边的大嘴

③ 啊呜！ 表达爱的方式也很野性。

④ 嗷呜 寂静的夜里，悠长的嗥叫声传向远方。这，就是狼！

嗷呜

长臂猿

宝宝

出生
第8个月

姓名 **小佳由**
性别 雌性
出生日 2008年1月7日
住所 日本羽村市动物公园
白掌长臂猿：灵长目 长臂猿科

仔细找找看

手指很长！
指甲的形状和人类的一模一样。

手指、脚趾都是5根。

全身覆盖着松软的毛。

指（趾）尖和掌心不长毛，脸上的毛也很少。

被毛遮住的小耳朵。
你发现了吗？

长臂猿 是这样的！

1 长臂猿夫妻之间亲密又和睦。
长长的手指，动作优雅。

2 当游客把手提包弄出声响，夫妻俩就会一起跑过来。

3 告诉它们包里没有吃的，它俩就你看我，我看你。

4 嗯嗯 嗯嗯
然后，一边叫着，一边离开了。

长臂猿的手臂很长很长，
就连长臂猿宝宝的手臂也很长很长。
它们将长长的手臂悬挂在树枝上，
从一棵树轻盈地荡到另一棵树。

袋鼠

宝宝

从妈妈的育儿袋里
出来第8个月

虽然身体有点儿小，
但已经和成年袋鼠一个模样了。
吃青草的动作很熟练啊！
据说，袋鼠宝宝出生后一年左右的时间，
都要在妈妈的育儿袋里度过。

姓名 **曲 奇**
性别 雌性
从妈妈的育儿袋里出来的日期
2008 年 2 月 29 日
住所 日本东京上野动物园
大袋鼠：袋鼠目 袋鼠科

仔细找找看

又长又大的耳朵！

长长的睫毛。

鼻子和嘴巴的周围长满了胡须。

粉色的舌头。

前脚的爪又细又长。

袋鼠 是这样的！

1. 根据身体的大小来划分，袋鼠可以大致分为 3 大类。
   - 大 如：红袋鼠
   - 中 如：沙袋鼠
   - 小 如：岩袋鼠

2. 要说有气势，还得数袋鼠。
   奔跑的时速可达 45 千米。

3. 雄性之间的打斗十分激烈。
   咣！
   咚！
   为了防备踢打，肚子上的皮毛长得很厚。

4. 躺下休息时，看上去一副目中无人的样子。

眼角的内侧
有两道长长的黑色斑纹。
浑身散落着斑点。
在大自然中，
引人注目的猎豹
其实是隐藏高手。

悄悄地接近猎物…… 突然冲上去！

是世界上奔跑速度最快的动物。最高时速能达到110千米！

又小又轻的头。

柔软的脊背弯曲自如。

肌肉发达的前后腿。

身上的斑点让它能融入草原，很难被发现。

长长的尾巴用来保持平衡和帮助减速。

不过，因为耐力不够，只能全速奔跑400米左右。

400米

啊，累得躺下了。猎豹，下次狩猎要继续加油啊！

猎豹是这样的！

仔细找找看

身上的毛短短的，非常细。

圆圆的脑袋。

胸前毛茸茸的，好像毛衣似的。

眼角内侧的两道黑斑点。

下巴窄窄的，嘴巴不大。

黑鼻头！

鼻子和嘴巴的周围长着细细的白胡须。

姓名　帕尼
性别　雄性
出生日　2003年8月6日
住所　日本富士野生动物园
猎豹：食肉目猫科

豹

嘴巴周围挺立着长长的胡须!

它迈着大步，是在察看四周的情况吗？

豹的长相和身上的斑纹，与猎豹有着微妙的不同。

豹是这样的!

眼睛上方和脸的两侧也长着像嘴巴周围那样的胡须。那是被叫作"触须"的感觉器官。像豹这样夜间活动的动物，"触须"又粗又长。

去和白天活动的猎豹对比一下吧。

1 擅长爬树。小豹子首先要学习爬树。

2 会把猎物拖到树上吃。长长的尾巴用来保持平衡。

3 有时会从树上扑下去突袭猎物。

4 在动物园里，它们也非常喜欢待在高的地方，常在游客头顶上方的地方睡觉。

仔细瞧瞧看

有睫毛。眼睛四周有黑色的眼线。

圆圆的嘴巴。

粉色的鼻头!

身上的斑点像梅花一样，这是豹的主要特征之一。

粗壮的前腿!

姓名 莎莉
性别 雌性
出生日 2004年2月8日
住所 日本爱媛县立砥部动物园
豹：食肉目 猫科

野牛

野牛的脸就像一大团松软、卷曲、漆黑的毛。从鼻尖儿一直往上，看到眼睛那里，你就知道野牛的头有多么庞大了！

野牛是这样样的！

1. 野牛生活在美洲草原上野生的牛，又叫"水牛"。
2. 雄性和雌性都有角。
3. 从后面看过去，就像一座山。脊背高高地隆起来。
4. 就有两个字：庞大！横躺在那里，就像一块巨大的岩石。
哎！
当然，拉的便便也非常大！

仔细找找看

大大的眼睛！可以看见白眼球。

大大的鼻子！现在鼻孔正朝着，看起来像一道壁。

眼睛周围和鼻头的毛很少。

嘴边没有发白的胡须！这些胡须直直的，没有卷曲。

嘴巴紧挨在鼻子下面。就是沾着青草的那个位置哦！

姓名　群马
性别　雄性
出生日　1990年5月19日
住所　日本东京上野动物园
美洲野牛：偶蹄目 牛科

21

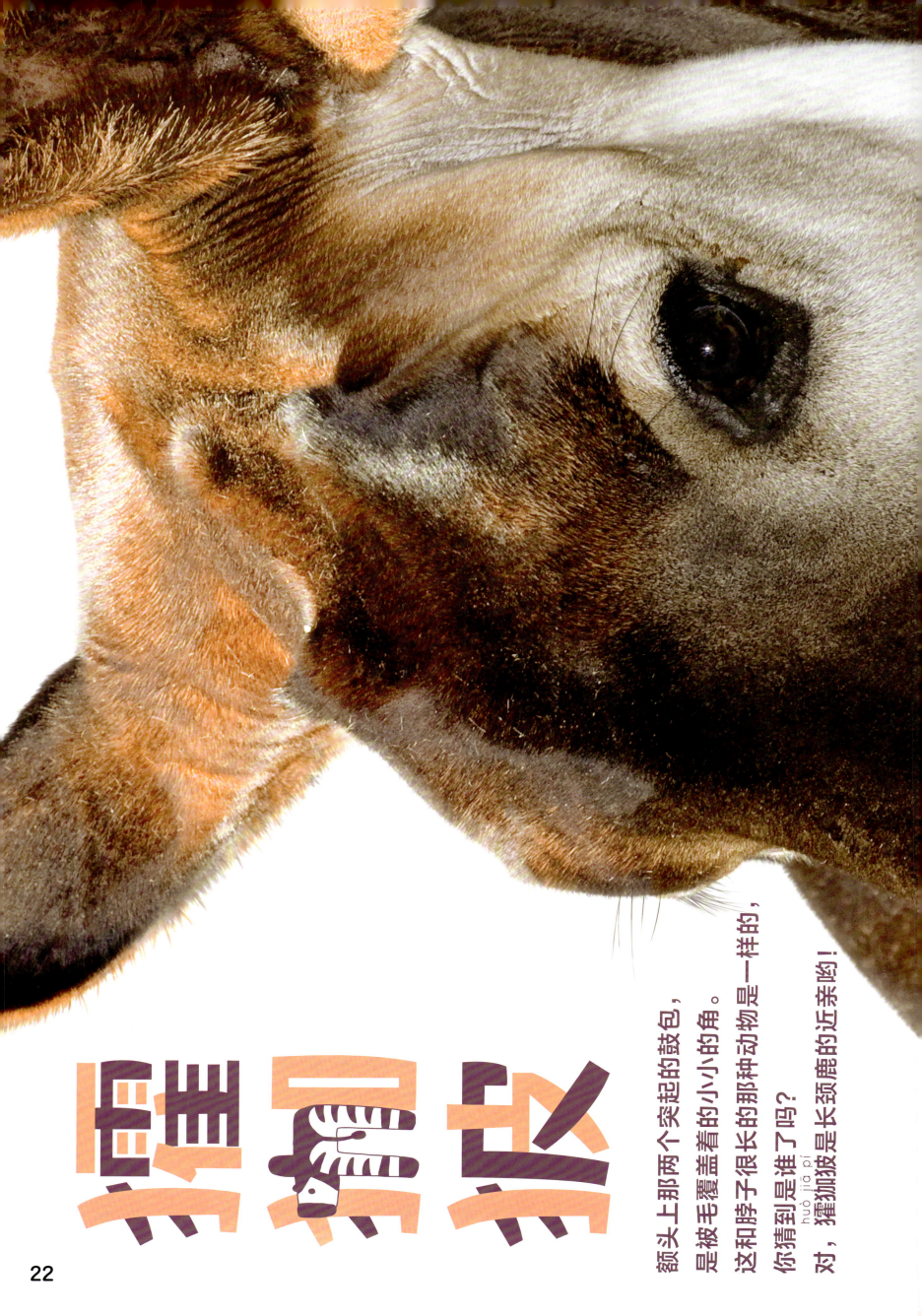

獾狐狓

额头上那两个突起的鼓包，
是被毛覆盖着的小小的角。
这和脖子很长的那种动物是一样的，
你猜到是谁了吗？
对，獾狐狓是长颈鹿的近亲哟！

huò jiā pí

㺢㹢狓 是这样的！

1　像斑马一样的屁股，像长颈鹿一样的脸。

2　它并不是斑马和长颈鹿的混血儿！
但是……

3　除了角，长长的舌头也很像长颈鹿。
而是和长颈鹿的祖先血缘很近的动物。

4　清理眼睛时也是用舌头呢！

仔细找找看

耳朵根部有很多褶皱。

细长的鼻孔。鼻子很短，紧挨着嘴巴。

灰色的舌头！

圆圆的大眼睛，长长的睫毛。

它有眉毛！

姓名　㺢㹢狓
性别　雌性
出生日　2000年11月21日
住所　日本东京上野动物园

㺢㹢狓：偶蹄目 长颈鹿科

袋熊

姓名　葡萄酒
性别　雄性
出生时期　1989 年 1 月左右
住所　日本池田市五月山动物园
塔斯马尼亚袋熊：袋鼠目 袋熊科

仔细找找看

没有毛的鼻子。

细长的门牙！
和鼠类一样，门牙一生都在不停地生长。

眼睛和鼻子周围长着很多胡须。

后脚趾上的爪又长又大！

袋熊 是这样的！

1 和袋鼠、树袋熊一样，雌性的肚子上有一个育儿袋。

袋口朝后开。

2

用像鼹鼠那样结实的爪……

3 在地下挖地道，住在里面。

厕所　食物　房间1　厕所
卧室　　　　房间2

4 据说，当敌人来攻击时，它就会用结实的屁股把洞口堵住。

胖墩墩、肉乎乎的袋熊，
脸像树袋熊，身体像熊？
越看越觉得它圆溜溜的呢！

25

貉

貉(hé)有着大大的黑眼圈，
尖尖的鼻子，
圆滚滚的身子。

姓名
没有名字
性别
不详
出生日
2008 年 5 月 24 日
住所
日本札幌市
圆山动物园
貉：食肉目 犬科

仔细找找看

圆圆的耳朵！
耳朵边缘是黑色的，
中间是白色的。

脚趾又粗
又短！

棕色的身体。
胸部和腿是黑色的。

腿上的毛
很短。

貉
是这样的！

貉会爬树，这
在犬类动物里
非常少见。

嗨！
你好呀！

毛茸茸的
尾巴。

浣熊也很
会爬树。

26

浣熊

咦?
浣熊也是貉这种长相啊!
这样摆在一起看看,
像,还是不像?

姓名
杰夫
性别
雄性
出生时间
2002 年左右
住所
日本羽村市动物公园

浣熊:食肉目 浣熊科

尖尖的耳朵!
耳朵背面是白色的,
耳朵里面是灰色的。

灰色的
身体。

仔细找找看

**脚趾又细
又长!**

腿上也长着
长长的、毛
茸茸的毛。

浣熊
是这样的!

用前爪抓着
食物吃。 请吃吧!
太感谢啦!

貉不用前爪
来抓,而是
用嘴直接叼
起食物吃。 带条纹的
尾巴。

海豹

在眼睛上方，
挺着直直的、白色的眉须。
那可不是眉毛，而是"探测天线"哟！
在水里，它们起着"眼睛"的作用。

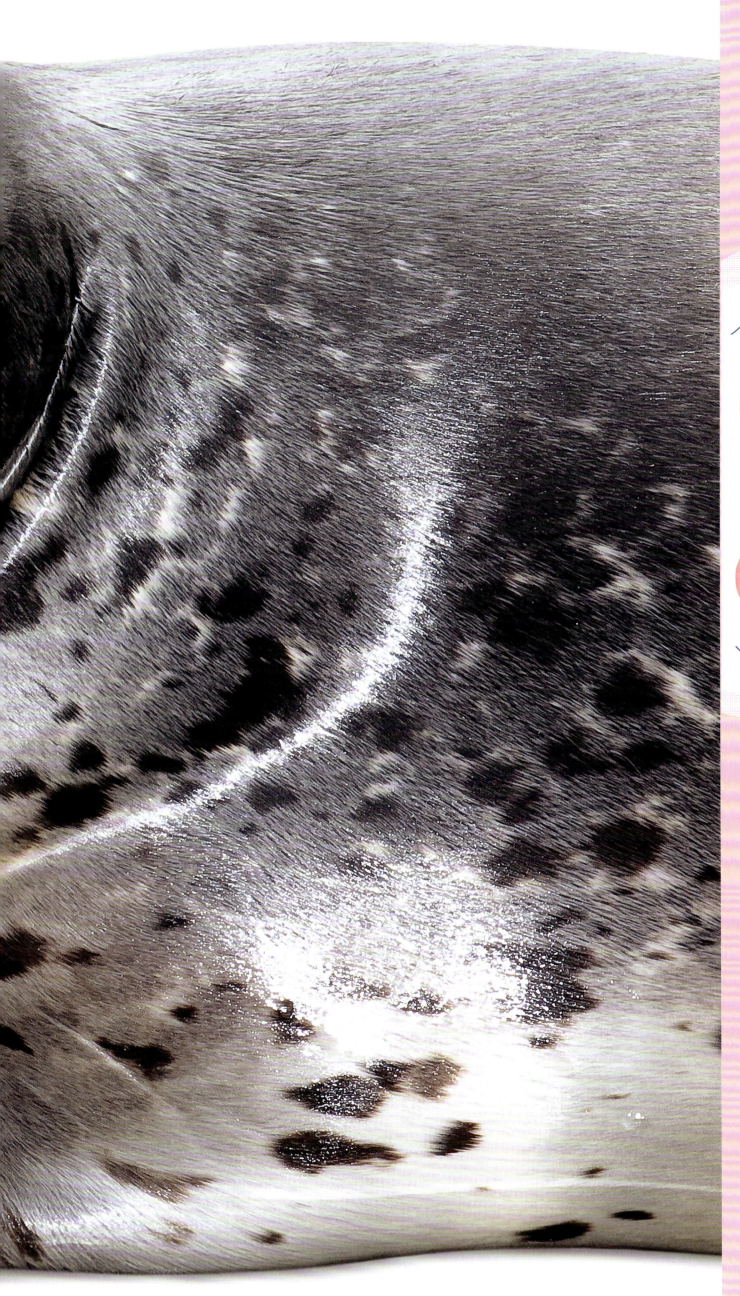

姓名 **笑大**
性别 雄性
出生日 2005 年 3 月 31 日
住所 日本那须动物王国
斑海豹：食肉目 海豹科

仔细找找看

嘴巴周围
长着许多胡须！

大大的、张开的鼻孔！
在水里时可以闭得紧紧的。

靠左眼后面一点儿的地方，
有个小坑。你看到了吗？
那可是海豹的耳朵哟！

像鳍似的前脚！
长着 5 个爪，所以
海豹有 5 根脚趾！

浑身都是
密实的毛。

海豹
是这样的！

1 在看不清远处的海水里，
海豹靠胡须追踪猎物的动向。

2 即使闭上眼睛，
也能自如地游动。

3 虽然看上去圆滚滚、
胖嘟嘟的。

4 但是，脖子能一下子伸出去
好长好长呢！

33

鳄鱼

这猛然张开的血盆大口，
就是鳄鱼的大嘴啊！
牙、牙、牙，长长短短的牙，
一旦咬住猎物，
就决不会再松开！

姓名　**理惠**
性别　雌性
出生日　不详
　　　　（1994年来到动物园）
住所　日本爱媛县立砥部动物园
湾鳄：鳄形目 鳄科

仔细找找看

**身上一根毛
也没有！**
鳄鱼是爬行类动物。
身体表面没有哺乳类
那样的毛，
而是由鳞片覆盖着。

**竖长的
狭缝形瞳孔！**

**紧挨着眼睛后面的
黑色小沟是耳朵孔。**

**从前面数，第3颗
上牙的正上方有个
黑色的小沟，
那是鼻孔。**

粉色的舌头！
鳄鱼会用舌头
堵住喉咙的入口处，
防止水灌进去。

鳄鱼
是这样的！

1　是爬行类动物。
与蜥蜴、龟和蛇是同类。

爬行类

2　野生鳄鱼在水边生活，
会游泳，也会潜水。

3　不过，和鱼类不同，
鳄鱼用肺呼吸。所以……

4　它们需要时不时地
浮出水面换气！

35

象龟

撑起沉重的身体，
一步，一步，
象龟慢腾腾地往前走着。
粗壮的腿像是用岩石铸成的。

姓名 **太郎**
性别 雄性
出生日 不详
（1969 年来到动物园）
住所 日本东京上野动物园

加拉帕戈斯象龟：龟鳖目 陆龟科

仔细找找看

> 背上有
> 厚厚的甲壳！

> 又黑又圆
> 的眼睛。

> 脖子上的皮
> 布满了褶皱。

> 前脚的趾甲很大！
> 有 5 根脚趾。

> 头和脚被结实的
> 鳞片覆盖着！
> 龟与鳄鱼一样，
> 都属于爬行类。

象龟

是这样的！

1 龟分为陆生、水生和半水生 3 类。

2
美国
科隆群岛
日本
厄瓜多尔

象龟是陆生龟。
加拉帕戈斯象龟住在科隆群岛
（加拉帕戈斯群岛），只吃植物。

3 别看我这个样子，脖子却可以伸得很长很长呢！

4 还可以全部缩进甲壳里。

鬣狗

圆脸上那张宽阔的嘴巴，是咬合力很强的标志。
一口咬下去，连骨头都能嚼碎，全部吞下去。
要说吃得快，可没有谁能比得过鬣狗啊！

姓名　　岛子
性别　　雌性
出生时期　2003 年左右
住所　　日本羽村市动物公园
条纹鬣狗：食肉目 鬣狗科

仔细找找看

大大的耳朵。

又大又圆的眼睛。
可以看见白眼球！

眼睛、鼻子和嘴的周围，
长着很多长长的胡须。

脊背上的毛
又厚又密，
那可是鬣毛啊！

**身上有黑色的
条形斑纹。**

鬣狗 是这样的！

1　鬣狗真的只抢其他动物的
猎物，寻觅别的动物吃剩
的东西吗？

2　其实并不是这样的，它们
自己也狩猎，也常常被别
的动物抢走猎物。

似乎正是因为
这样，它们才
吃得很快。

3　总是有点儿提心吊胆的样子。

4　一受到惊吓，就
竖起鬣毛飞快地
逃走了。

猩猩

脸盘宽宽的。
突出的脸颊是雄性显示力量的标志，
越突出，表示力量越强大。

姓名 **迪迪**
性别 雄性
出生日 1996年4月28日
住所 日本爱媛县立砥部动物园
婆罗洲猩猩：灵长目 人科

仔细找找看

眼睛和人类的很像！
眼睛长在脸的正面。

塌塌的鼻子！

下巴上长着一丛长长的毛！

脸上的毛短短的。

身上的毛就像人类的头发。

白色的牙齿隐约可见。

猩猩 是这样的！

1	一动不动时，看起来就像一大团毛。
2	用粗粗的手指，慢慢地把食物送进嘴里。
3	也会用手挖鼻孔，然后，慢慢地把鼻屎放进嘴里。
4	走钢丝时，动作敏捷得像换了一种动物！因为，野生的猩猩是生活在森林里的大树上的啊。

蝙蝠

有翅膀，可是没有羽毛。
能在空中飞，可是不是鸟。
倒立着吃东西，倒立着睡觉。
蝙蝠真是奇怪的动物啊！

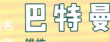

仔细找找看

有 5 根脚趾！

像塑料布一样薄的翅膀。
左右各有一根像伞骨那样的骨节。还有两个钩爪，你发现了吗？

脸和身体上长着毛。

尖尖的鼻子。

细长的耳朵。

身体正中间的那个位置，是小鸡鸡。因为这是一只雄性蝙蝠哇！

蝙蝠 是这样的！

1 蝙蝠是唯一一种能在空中飞的哺乳类动物。

在英文中，狐蝠叫作 Flying Fox，意思是"在空中飞的狐狸"。

2 前脚的 5 指之间的膜变成了翅膀。

拇指
食指
中指
无名指
小指

3

翻转

虽然总是倒立着挂在那里，可是撒尿和拉便便时，还是会翻转过来的。

43

监修 ● 小宫辉之（日本东京上野动物园第 15 任园长）

出生于日本东京。在明治大学农学部毕业后，进入多摩动物公园工作。主要负责日本本土动物的饲养和繁育。曾在上野动物园井之头自然文化园工作。2004 年至 2011 年担任上野动物园园长。2006 年首次成功实现了熊的人工冬眠展示。主要作品有《日本的哺乳动物》《日本的家畜家禽》《震撼之书·动物原来这么大》系列等。

摄影 ● 松桥利光

出生于日本神奈川县。独立生物摄影师。主要作品有《小手掌图鉴》《一大溜儿青蛙》《一大溜儿金鱼》《你是谁？》《拿拿看》《找找看》《日本的青蛙》《日本的乌龟、蜥蜴、蛇》《雨蛙的秘密》《活物拿法大全》等。

绘 ● 柏原晃夫

出生于日本兵库县。曾就职于设计生产（株）京田娱乐制作所，负责舞台、图书、WEB、人物等的策划设计和插图绘制。亲自设计和绘制插图的作品有《震撼之书·动物原来这么大》系列、《一起玩吧》系列、《手指游戏绘本》系列、《一年级小学生的汉字绘本》《有趣的识字书》等。

文 ● 高冈昌江

出生于日本爱媛县。自由撰稿人。主要作品有《震撼之书·动物原来这么大》系列、《食物对对碰绘本》《相似图鉴》《雌雄动物图鉴》《放在一起看看》系列、《纸的大研究》《颜色的大研究》《蝉和我同岁》《工作场所参观书！动物园和水族馆里的工作者》等。

译 ● 朱自强

学者、作家、翻译家。中国海洋大学教授、博士生导师，儿童文学研究所所长。著有《朱自强学术文集》（10 卷）。儿童系列故事《花田小学的属鼠班》获泰山文艺奖，绘本《会说话的手》（撰文）获图画书时代奖银奖。翻译出版日本儿童文学名著十几种、《新美南吉小学生分级读本》（6 册）以及绘本近百种。

审读 ● 孙忻

中国动物学会理事、中国动物学会科普工作委员会副主任，原国家动物博物馆副馆长、展示馆馆长。

图书在版编目（CIP）数据

动物原来这么大·野生馆 /（日）小宫辉之监修；（日）松桥利光摄影；（日）柏原晃夫绘；（日）高冈昌江文；朱自强译. — 北京：海豚出版社，2020.10
（震撼之书）
ISBN 978-7-5110-5173-8

Ⅰ. ①动… Ⅱ. ①小… ②松… ③柏… ④高… ⑤朱…
Ⅲ. ①动物 - 儿童读物 Ⅳ. ① Q95-49

中国版本图书馆 CIP 数据核字（2020）第 039334 号

Motto! Hontonoookisa Doubutsuen
©Copyright 2009/Toshimitsu Matsuhashi,
Masae Takaoka, Akio Kashiwara（Kyoda Creation Co.,Ltd.）
Editorial Supervisor of Japanese Edition: Teruyuki Komiya(Former Director, Tokyo Ueno Zoo)
Photographer: Toshimitsu Matsuhashi   Illustrator and AD: Akio Kashiwara
Japanese edition text by Masae Takaoka
Japanese edition designed by Daisuke Shimizu（Kyoda Creation Co.,Ltd.）
First published in Japan 2009 by Gakken Education Publishing Co., Ltd., Tokyo
Chinese Simplified character translation rights arranged with Gakken Plus Co., Ltd. through Future View Technology Ltd.

著作权合同登记号 图字：01-2020-0189 号

震撼之书·动物原来这么大： 野生馆

监修 ●［日］小宫辉之（日本东京上野动物园第 15 任园长） 摄影 ●［日］松桥利光
绘 ●［日］柏原晃夫 文 ●［日］高冈昌江 译 ● 朱自强

出 版 人：王 磊

选题策划：禹田文化	装帧设计：王 锦
执行策划：杨 晴	内文设计：王 锦
责任编辑：杨文建 李宏声	责任印制：于浩杰 蔡 丽
项目编辑：周 雯	法律顾问：中咨律师事务所 殷斌律师
版权编辑：张静怡	

出　　版：海豚出版社
地　　址：北京市西城区百万庄大街 24 号
邮　　编：100037
电　　话：010-88356856 010-88356858（发行部）
　　　　　010-68996147（总编室）
印　　刷：北京华联印刷有限公司
经　　销：全国新华书店及各大网络书店
开　　本：8 开
印　　张：7
字　　数：210 千
版　　次：2020 年 10 月第 1 版 2020 年 10 月第 1 次印刷
标准书号：ISBN 978-7-5110-5173-8
定　　价：105.00 元

通往
水族馆

这本书中出场的动物 2

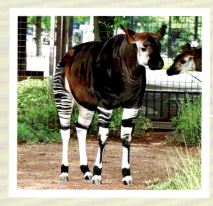

獾㹢狓【偶蹄目 长颈鹿科】

体长 200~210 厘米　　肩高 150~180 厘米
体重 210~300 千克　分布 非洲（刚果）

河马【偶蹄目 河马科】

体长 280~420 厘米　　肩高 130~165 厘米
体重 1350~3200 千克　分布 非洲

婆罗洲猩猩【灵长目 人科】

体长 78~97 厘米　　尾长 0 厘米
体重 37~77.5 千克　分布 东南亚（苏门答腊、
　　　　　　　　　　　　加里曼丹）

印度狐蝠【翼手目 狐蝠科】

体长 19 厘米　　尾长 0 厘米
体重 900~1600 克　分布 南亚

塔斯马尼亚袋熊【袋鼠目 袋熊科】

体长 70~115 厘米　　尾长 2.5 厘米
体重 22~39 千克　分布 澳大利亚的塔斯马尼亚岛

加拉帕戈斯象龟【龟鳖目 陆龟科】

甲壳长 130 厘米　体重 最重 300 千克
分布 科隆群岛（加拉帕戈斯群岛）